Charles Martins

De l'unité organique dans les animaux et les végétaux

science

ISBN : 978-1534825444

10 9 8 7 6 5 4 3 2 1

Charles Martins

De l'unité organique dans les animaux et les végétaux

science

Table de Matières

Introduction

En 1774, un anatomiste qui mourut jeune, mais dont le nom ne périra pas, Vicq-d'Azyr, présentait à l'Académie des Sciences de Paris un mémoire » sur les rapports qui se trouvent entre les usages et la structure des quatre extrémités dans l'homme et dans les animaux. » Condorcet, nommé par l'Académie pour lui rendre compte de ce travail, l'appréciait dans les termes suivants : « On entend ordinairement par anatomie comparée l'observation des rapports et des différences qui existent entre les parties analogues des hommes et des animaux, ou plus généralement de différentes espèces d'animaux. M. Vicq-d'Azyr donne ici un essai d'une autre espèce d'anatomie comparée qui jusqu'ici a été peu cultivée, et sur laquelle on ne trouve dans les anatomistes que quelques observations isolées : c'est l'examen des rapports qu'ont entre elles les différentes parties d'un même individu... Ainsi dans cette nouvelle espèce d'anatomie comparée on observe, dit M. Vicq-d'Azyr, comme dans l'anatomie comparée ordinaire, ces deux caractères que la nature paraît avoir imprimés à tous les êtres, celui de *la constance dans le type et de la variété dans les modifications.* Elle semble avoir formé ces différentes espèces et leurs parties correspondantes sur un même plan qu'elle sait modifier à l'infini. »

Quatre-vingt-huit ans se sont écoulés depuis que Condorcet prononçait ces paroles mémorables, et non-seulement on a vérifié la constance du type annoncée par Vicq-d'Azyr, mais tous les naturalistes philosophes sont d'accord pour considérer l'ensemble du règne animal comme la réalisation infiniment variée de ce type idéal. Les lois auxquelles ces variations sont soumises ont été reconnues à leur tour, et l'embryologie, c'est-à-dire l'étude du développement des êtres, les a confirmées. Mais, avant d'arriver à la construction du type et d'exposer les lois de ses modifications, quelques définitions me semblent indispensables.

Il existe plusieurs genres d'anatomie : d'abord l'*anatomie descriptive ou topographique*, qui se borne à faire connaître la forme, la grandeur et les rapports des organes de l'homme et des animaux. La plupart de ces organes étant dérobés à notre vue par l'enveloppe commune du corps, le scalpel est nécessaire pour nous frayer un chemin jusqu'à eux. Quand il s'agit des végétaux, l'anatomie descriptive prend le nom d'*organographie*, car chez eux tous les appareils sont extérieurs ; ce sont les bourgeons, les feuilles, les fleurs et les fruits. Aristote, dont la grande figure se montre à l'origine de toutes les connaissances humaines, avait déjà compris qu'il ne suffit pas de décrire les organes d'un animal isolé, mais qu'il faut les comparer à ceux des autres animaux, en saisir les analogies, en apprécier les différences, car ces analogies ou ces différences se traduisent littéralement par les aptitudes, les fonctions et les mœurs des animaux étudiés sous ce point de vue. L'anatomie comparée engendra l'Anatomie philosophique, dont Vicq-d'Azyr et Condorcet furent les initiateurs, et bientôt après Bichat, anatomiste à la fois et médecin, établit les bases de l'*Anatomie générale*. Dans cette science, l'identité d'un tissu est reconnue dans les différentes parties de l'organisme ; ainsi l'on constate que les enveloppes du cerveau, du poumon, des organes digestifs, les poches membraneuses qui facilitent le jeu des articulations sont toutes de même nature, et Bichat leur avait imposé le nom de membranes séreuses, qu'elles ont conservé.

Le perfectionnement du microscope et l'emploi des réactifs chimiques ayant fourni les moyens de pénétrer plus profondément dans la structure des tissus végétaux et animaux, on a donné dans ces derniers temps le nom d'*histologie* à cette branche de l'anatomie générale qui nous fera connaître de plus en plus la composition intime des tissus vivants. Dans les plantes, les organes de la respiration et de la reproduction étant tous extérieurs, l'anatomie végétale, n'est, à proprement parler, que l'histologie, c'est-à-dire la connaissance des tissus qui composent les racines, les tiges, les feuilles, les fleurs, les fruits et la graine.

Toutes ces branches de l'anatomie se prêtent un mutuel appui : unies à la zoologie et à la botanique, qui classent les êtres organisés suivant leurs affinités naturelles, elles nous amènent à la conception d'une science générale de l'organisation et à la découverte des lois qui régissent l'ensemble dont nous faisons partie. Toutes ces lois peuvent se résumer en une seule, promulguée par Vicq-d'Azyr et Condorcet, la constance dans le type et la variété dans les modifications ; mais cette unité résulte d'un certain nombre de lois secondaires que nous allons étudier dans leurs manifestations successives chez les végétaux et les animaux. Ces lois sont : la loi de symétrie, la métamorphose bu transformation des organes, leur balancement et la constance des connexions. Pénétrés de leur esprit, avertis de leurs conséquences, nous pourrons procéder à l'établissement du type animal et végétal. Le lecteur verra clairement alors quels sont l'état présent et l'avenir de nos connaissances dans la partie la plus philosophique et la plus élevée de la science générale des êtres organisés.

I. — Loi de symétrie dans les animaux et dans les végétaux

Tous les êtres organisés sont symétriques, c'est-à-dire composés de deux moitiés semblables ; mais cette symétrie n'est pas la même dans toute la série des végétaux et des animaux. Considérez un végétal et supposez-le coupé en deux moitiés par un plan vertical. Quelle que soit l'orientation de ce plan, qu'il soit dirigé du nord au sud, de l'est à l'ouest, du nord-est au sud-ouest, peu importe ; le végétal sera toujours partagé en deux moitiés symétriques. La même loi s'applique à la fleur, qui est la partie la plus apparente, l'appareil le plus compliqué du végétal. Examinez une fleur régulière, un lis, une renoncule, une rose, une primevère ; un plan quelconque partagera toujours ces fleurs en deux moitiés égales, pourvu que ce plan passe par le centre de la fleur et soit perpendiculaire au plan d'insertion des pétales et des étamines. Cette loi s'applique également aux animaux qui composent le dernier embranchement du règne animal, les zoophytes ou rayonnes. Une étoile de mer, un oursin, une méduse, une actinie sont symétriques comme des fleurs régulières ; comme elles, ils sont formés de parties qui semblent disposées suivant les rayons d'un cercle dont le centre correspondrait à celui de l'animal. Mais déjà dans les végétaux nous avons l'indice ; d'un autre genre de symétrie. Le plan de séparation des deux moitiés semblables n'a plus une orientation quelconque, mais une direction déterminée. Prenez une fleur de sauge, de muflier, de digitale, de pois, de haricot, etc., une fleur irrégulière en un mot ; elle ne saurait être partagée en deux moitiés égales que par un seul plan vertical passant par Taxe de la fleur ; c'est la symétrie bilatérale. Dans le règne animal, elle domine les trois embranchements supérieurs : les vertébrés, les annelés et les mollusques. ; Ainsi l'homme présente la symétrie bilatérale. Le plan qui le partage en deux moitiés semblables passe par le sternum, os placé au milieu de la poitrine, et par la colonne vertébrale. Ce plan est désigné sous le nom de plan vertébro-sternal.

Dans les végétaux, qui tous sont dépourvus d'organes intérieurs, la loi de symétrie est absolue et vraie pour les parties internes comme pour les parties situées en dehors. Il n'en est pas de même chez les animaux ; évidente et vraie pour les parties extérieures et visibles, elle ne l'est pas pour les parties internes : ainsi les poumons, le cœur, l'estomac, le foie, les intestins, ne sont pas des organes symétriques et ne sont pas même symétriquement placés relativement au plan vertébro-sternal dans les cavités qui les renferment. La loi de symétrie s'applique uniquement aux organes des sens, aux membres organes du. mouvement et au système nerveux, savoir : le cerveau, la moelle épinière et tous les nerfs du sentiment et du mouvement, en d'autres termes à toutes les parties qui nous mettent en rapport avec le monde extérieur. Les organes de la vie de relation, pour m'exprimer comme les physiologistes, sont donc parfaitement symétriques ; mais ceux qui exercent des fonctions purement végétatives, tels que les poumons, le foie, la rate : , l'estomac et le canal digestif, ne le sont pas. Dans le règne animal, la règle est absolue, et quelques exceptions, comme les poissons appelés *pleuronectes*, dont les deux yeux sont du même, côté, ne sauraient l'infirmer.

À côté de la loi de symétrie vient se placer une autre loi, modification de la première, et que j'appellerai *loi de répétition*. Examinez une scolopendre, une sangsue, une chenille ; n'est-il pas évident que ces animaux sont composés d'un grand nombre de segments ou d'anneaux qui sont tous la répétition les uns des autres ? Le premier anneau, celui de la tête et le dernier diffèrent seuls ; les autres sont identiques de forme et de structure. Dans un homard ou une écrevisse, la ressemblance est moindre, mais elle existe. On la reconnaît encore dans le corps des insectes, toujours composé de trois portions semblables : la tête, le corselet et l'abdomen. Enfin, même dans les mammifères, même dans l'homme, la loi de répétition se manifeste. En effet, si l'on suppose un plan perpendiculaire à la colonne vertébrale et placé horizontalement à la hauteur des lombes, ce plan partage le squelette humain en

I. — Loi de symétrie dans les animaux et dans les végétaux

deux moitiés, l'une supérieure, l'autre inférieure. Ces deux moitiés ne sont ni semblables ni symétriques, mais l'une est la répétition de l'autre. Les membres inférieurs sont la répétition des membres supérieurs, les os du bassin rappellent ceux de l'épaule, le coccyx est l'image du cou. La tête seule, attribut de la moitié supérieure, manque à la partie inférieure. Le parallèle se poursuit dans les détails, mais il nécessite des connaissances spéciales que je ne puis supposer chez la plupart des personnes qui prendront la peine de lire cette étude.

Le monde est régi par des lois mathématiques. Newton, qui nous a dévoilé celles qui règlent le cours des astres, appelait Dieu le grand géomètre. Il prévoyait que la structure des êtres organisés serait un jour ramenée à des lois également simples, également générales. Les planètes circulent autour du soleil en décrivant des ellipses ; la parabole, route suivie par les comètes non périodiques, n'étant qu'un cas particulier de l'ellipse, celle-ci devient la figure géométrique fondamentale de la mécanique céleste. Dans le sein de la terre, les minéraux cristallisent en polyèdres suivant des lois immuables. Malgré leurs apparences si variées, tous ceux dont la composition chimique est la même ont une même forme primitive d'où dérivent les formes secondaires : ainsi l'on compte huit cents formes cristallines du carbonate de chaux ; elles dérivent toutes du parallélipipède, forme primitive de cette substance.

La figure géométrique suivant laquelle sont disposées les parties qui composent les êtres organisés, c'est la spirale ou plutôt l'hélice, qui n'est qu'une spirale enroulée autour d'un cylindre. Cette spirale a été poursuivie dans le règne végétal par Alexandre Braun, Schimper et Bravais. Prenez une branche de poirier bien droite, un rameau dit gourmand, puis choisissez une feuille quelconque pour point de départ, et appelez-la zéro ; comptez ensuite successivement les feuilles en montant et en les numérotant 1, 2, 3, 4 ; arrêtez-vous à la feuille 5, vous verrez que vous avez fait deux fois le tour de la branche, et que la cinquième feuille est placée directement au-dessus de la feuille zéro. C'est la figure appelée quinconce, et l'angle qui sépare une feuille de la feuille suivante est égal aux 2/5es de la circonférence. Les différentes pièces qui composent la fleur, savoir les sépales, les pétales, les étamines et les carpelles, sont également disposés en spirale ; seulement cette

Charles Martins

spirale est tellement aplatie qu'elles semblent rangées sur autant de cercles concentriques. Lorsque les organes sont nombreux et rapprochés, exemple les rosettes des joubarbes (*sempervivum*), les grandes fleurs des composées, telles que le tournesol (*helianthus annuus*), le fruit de l'ananas, les cônes des pins et des sapins, l'œil aperçoit d'abord plusieurs systèmes de spires ; ce sont des spires secondaires, engendrées par une spire fondamentale ou génératrice. Dans les cônes des pins, cette spire est telle qu'après huit révolutions autour de l'axe, l'écaillé numéro 21 vient recouvrir celle qui porte le chiffre zéro. L'angle qui sépare deux écailles consécutives est égal aux 8/21es de la circonférence. Ainsi nous retrouvons dans le règne organisé la constance des angles que l'on constate dans les cristaux réguliers, et ces feuilles, ces fleurs, ces écailles, qui semblent semées au hasard sur la tige, sont disposées suivant des lois géométriques invariables.

L'hélice domine également dans le règne animal ; les piquants des oursins, les écailles des poissons et des serpents forment des spires continues ou discontinues autour du corps de ces animaux. Dans une foule de coquilles, l'hélice est si bien dessinée, que la géométrie a emprunté le nom de cette figure à la coquille du limaçon (*hélix*), où elle.se montre avec une évidence et une régularité qui frappent tous les yeux. Dans les mollusques à coquille hélicoïde, le corps même de l'animal est contourné en spirale ; mais il obéit à la loi géométrique qui règle la disposition des appendices du tronc. Chez les animaux supérieurs, nous retrouvons encore l'hélice. M. Charles Rouget a montré que la disposition en spirales entre-croisées domine dans le système musculaire des animaux : on le reconnaît dans les muscles abdominaux de l'homme, dans la structure du cœur, des artères, de l'œsophage, de la vessie, etc., et sur le corps cylindrique des poissons cartilagineux, tels que les cyclostomes (lamproie, sucet, myxine). Dans tout le squelette des vertébrés, un seul os est tordu, c'est celui du bras ; or il est tordu en hélice de 180 degrés ou d'une demi-circonférence dans les mammifères terrestres ou aquatiques, comme l'homme, le lion, le bœuf, le phoque, le dauphin ; de 90 degrés ou d'un angle droit dans les chauves-souris, les oiseaux et les reptiles, tels que les tortues, les lézards et les grenouilles. Le narval, grand cétacé des mers arctiques, porte une dent longue souvent de 2 mètres ; elle

I. — Loi de symétrie dans les animaux et dans les végétaux

est contournée en hélice, et a servi de modèle à la corne frontale de l'animal fabuleux appelé licorne qui figure dans les armoiries de la Grande-Bretagne.

II. — Métamorphose ou transformation des organes

La symétrie des êtres organisés et la disposition régulière des organes extérieurs sont deux points que nous considérons comme établis. Au premier abord, on est épouvanté du nombre et de la variété de ces organes : dans les plantes, les feuilles, les bractées, les sépales, les pétales, les étamines, le fruit et la graine ; dans les animaux, les pieds, les mains, les ailes, les nageoires, etc. Tous ces organes si variés peuvent se ramener à l'unité ; tous ont pour base un seul et même organe qui se transforme à l'infini et s'adapte aux fonctions les plus diverses. Afin d'être mieux compris, je commence par le règne animal, et dans ce règne par la classe dont nous faisons partie, les mammifères. J'examine quelles sont dans cette classe les modifications du membre supérieur ou antérieur. Chez l'homme, c'est une main, organe de précision par excellence, se prêtant à toutes les exigences de la volonté, docile instrument de la pensée humaine pour l'accomplissement de toutes les merveilles des arts et de l'industrie. Cette main si parfaite se dégrade déjà dans le singe. Pourvu de quatre mains et non de deux pieds et de deux mains comme l'homme, le singe marche ou grimpe à l'aide de ses mains, tandis que chez l'homme la main n'est jamais un organe de progression, mais reste toujours au service de l'intelligence. Chez quelques singes (colpbej atèle), le pouce disparaît : c'est un degré de dégradation de plus ; mais l'organe est toujours reconnaissable. Il ne l'est plus dans la chauve-souris. La main est devenue aile, et cependant sa structure n'a pas changé ; le pouce est réduit à un simple crochet, les doigts, démesurément longs, sont unis par une membrane qui enveloppe tout le corps, l'organe de préhension est métamorphosé en une aile, et, sans rien créer de nouveau, la nature fait succéder à des animaux essentiellement grimpeurs des êtres dont la vie est exclusivement aérienne, car la chauve-souris ne peut ni marcher, ni grimper, elle ne peut que voler. Cependant tous ses caractères la rapprochent du singe et de l'homme. Sa place est marquée à la tête de la série des mammifères dont elle présente tous

Charles Martins

les caractères. Nous arrivons aux carnivores : ici plus de différence sensible entre les membres antérieurs et les membres postérieurs. L'extrémité prend le nom de patte ; les doigts ne sont ni longs ni séparés, l'organe, n'est plus un organe de préhension : un chat et un chien ne saisissent un objet qu'en le pressant entre leurs deux pattes de devant ; leurs membres et leurs doigts sont des organes de progression, et ils marchent sur la pointe de leurs ongles. Chez l'ours, un talon imparfait permet une station verticale oblique dont la gaucherie excite les rires de l'enfant qui a déjà le sentiment d'une station verticale parfaite. La patte du chat, celle de l'ours, jouissent encore d'une grande mobilité, et par suite d'une certaine adresse : leurs membres antérieurs ne sont pas uniquement des organes de progression, mais servent encore à saisir et à fixer une proie. Il n'en est plus de même dans les ruminants et dans les solipèdes ; chez un bœuf, un mouton, un cerf ou un cheval, les membres sont de simples colonnes de sustentation ; chez les premiers, elles se terminent par deux doigts, ce sont les ruminants à pieds fourchus, chez les autres par un seul, ce sont les chevaux et leurs congénères, l'âne, le zèbre, le dauw, etc.

Tous les animaux dont nous venons de parler sont terrestres ou aériens. Une dernière transformation les voue à une existence aquatique. Chez les phoques et les morses, les doigts, réunis par une membrane, sont devenus des rames, et dans les cétacés (marsouins, dauphins, baleines) de véritables nageoires ; mais le squelette est toujours composé des mêmes os, mus par les mêmes muscles. Les fonctions ont changé, le type membre est resté immuable. C'est le même instrument, dont les formes et les usages ont seuls varié. Nous les retrouvons encore dans les oiseaux. Chez eux, les doigts ne se développent pas, mais ils sont remplacés par des plumes. Un oiseau vole, comme une chauve-souris, à l'aide de ses mains ; mais le but est atteint par un artifice différent. Dans les reptiles, les membres se transforment de nouveau en organes de progression sur le sol où de natation dans l'eau, mais ils poussent le corps sans le porter ; de là l'allure de la reptation, qui consiste en ce que le ventre de l'animal traîne à terre, comme chez les tortues, crocodiles, lézards, grenouilles. Enfin dans le serpent les membres disparaissent, et l'animal marche à l'aide de ses fausses côtes, qui deviennent des organes de progression, tandis que dans

II. — Métamorphose ou transformation des organes

les animaux supérieurs elles protègent les viscères contenus dans le bas-ventre. Chez les poissons, les membres reparaissent, mais sous une forme en apparence différente : « ce sont des nageoires composées de rayons ; ces rayons, ce sont nos doigts, et le bras de l'homme lui-même se compose de cinq rayons qui sont confondus en un seul os au bras, se dédoublent en deux à l'avant-bras, et ne deviennent parfaitement distincts que dans la main. Ainsi dans tous les vertébrés les membres sont construits sur le même type. Les exigences si nombreuses des genres de vie les plus variés, à la surface ou au-dessous de la terre, dans les airs ou dans les eaux, sont satisfaites par un même organe, identique au fond, mais méconnaissable à nos yeux corporels, par la variété des formes et la diversité des usages ; l'œil de l'esprit peut seul les reconnaître. L'homme, mécanicien vulgaire, fabrique un instrument différent suivant le but qu'il » veut atteindre ; la nature n'en fait qu'un, et se borne à le modifier suivant les besoins : elle est sobre de créations, prodigue de métamorphoses.

En veut-on d'autres exemples ? Dans les animaux supérieurs, le nez est l'organe du sens de l'odorat ; dans le cochon, le tapir, il devient un boutoir avec lequel l'animal fouille la terre ; dans l'éléphant, il se prolonge en une trompe flexible, munie d'un doigt mobile et son extrémité remplit les fonctions d'une main.

Rien de plus différent au premier abord que les enveloppes qui recouvrent le corps des mammifères ; au fond, leur nature est identique, ce sont toujours des poils : agglutinés de différentes façons, ils forment les soies du sanglier, les piquants des hérissons et des porcs-épics, les écailles des tatous et des pangolins, les cornes nasales des rhinocéros ou frontales des bœufs, des moutons et des chèvres, les griffes des animaux carnassiers et les sabots des chevaux et enfin les ongles des singes supérieurs, de l'homme. La queue, nulle chez l'homme et les singes anthropomorphes, devient prenante et remplit l'office d'une cinquième main chez les singes d'Amérique, les kinkajous, les sarigues, les caméléons, tandis qu'elle sert de base, de soutien, de véritable pied aux kanguroos et aux gerboises. Un organe ne se caractérise donc pas par son usage, car le même organe remplit les rôles les plus divers, et réciproquement la même fonction peut être accomplie par des organes très différents : ainsi le nez et la queue peuvent remplir l'office de la main ; celle-ci à son tour devient une aile, une rame ou une nageoire. Aussi de Candolle disait-il dans ses cours : « Les oiseaux volent *parce qu'ils* ont des ailes ; mais un véritable naturaliste ne dira jamais : Les oiseaux ont des ailes *pour* voler. » La distinction semble puérile : elle est réellement profonde. En effet, l'autruche a des ailes qui ne sauraient la soutenir dans les airs, mais qui accélèrent sa marche ; celles du manchot sont des nageoires, et celles du casoar et de l'*apterix* de la Nouvelle-Zélande sont si peu développées qu'elles ne servent absolument à rien. Ces faits sont la condamnation des causes finales. Nous voyons en effet que les fonctions sont un *résultat* et non pas un *but*. L'animal subit le genre de vie que ses organes lui imposent et se soumet aux imperfections de son organisation. Le naturaliste étudie le jeu de ses appareils, et s'il a le droit d'admirer la perfection du plus grand nombre, il a aussi celui de constater l'imperfection de quelques autres et l'inutilité pratique de ceux qui ne remplissent aucune fonction. Goethe a si bien exprimé ces pensées que le lecteur me saura gré de lui traduire ce fragment d'un entretien qu'il eut avec Eckermann[1] dans la soirée du 20 février 1831. « L'homme, disait-il, est naturellement disposé à se considérer comme le centre et le but de la création et à regarder tous les êtres qui l'entourent comme devant servir à son profit personnel. Il s'empare du règne animal et du règne végétal, les dévore et glorifie le Dieu dont la bonté paternelle a préparé la table du festin. Il enlève son lait à la vache, son miel à l'abeille, sa laine au mouton, et parce qu'il utilise ces animaux à son profit, il s'imagine qu'ils ont été créés pour son usage. Il ne peut pas se figurer que le moindre brin d'herbe ne soit pas là pour lui, et quand il ne reconnaît pas son utilité, il pense qu'elle se dévoilera plus tard. L'homme fait passer cette logique de la vie ordinaire dans la science et l'applique aux différentes parties dont se compose chaque être en particulier : il s'enquiert de l'emploi et de l'utilité de chacune d'elles. Ces petits raisonnements peuvent se traîner pendant quelque temps ; mais bientôt l'insuffisance en devient manifeste par les contradictions qu'ils soulèvent. Les finalistes disent : « Les taureaux ont des cornes pour se défendre ; mais alors pourquoi les moutons n'en ont-ils point ? et quand ils en ont, pourquoi sont-elles contournées en arrière autour des oreilles, de façon à ne pouvoir pas servir ? » Il

1   *Gespräche mit Goethe*, t. II, p. 282.

II. — Métamorphose ou transformation des organes

faut dire : « Le taureau se défend avec ses cornes parce qu'il les a. » S'enquérir du but, du pourquoi n'est pas scientifique ; mais on peut se poser la question de savoir comment il se fait que le front du taureau porte des cornes. Cette enquête nous amène à étudier son organisation et nous apprend pourquoi le lion n'a pas de cornes et ne saurait en avoir. Les finalistes croiraient être privés de leur Dieu, s'ils n'adoraient celui qui a donné des cornes au taureau pour sa défense. Qu'on me permette d'adorer celui qui, dans la profusion des plantes qui couvrent la terre, en a créé une qui les contient toutes, et dans la profusion des animaux un être qui les résume tous, l'homme. Que l'on vénère si l'on veut celui qui a pourvu abondamment à l'alimentation du bétail et à la nôtre ; moi, j'adore celui qui a doué le monde d'une force productive dont la millionième partie seulement, passant à l'état de vie, peuple le monde de créatures innombrables que la peste, la guerre, l'eau ni le feu ne sauraient détruire. Voilà mon Dieu.[1] »

Les organes intérieurs des animaux subissent des métamorphoses analogues à celles des membres. Dans les mammifères, les oiseaux et les reptiles, les organes respiratoires remplissent la poitrine, l'air se précipite dans les poumons, et son oxygène se combine avec le sang. Les poissons plongés dans l'eau respirent l'air dissous dans ce liquide. Chez eux, les poumons n'existent plus comme organes respiratoires, mais ils constituent la vessie natatoire, sorte d'aérostat intérieur-qui fait monter sans effort le poisson à la surface des eaux, Les poissons respirent par des branchies situées près de la tête. Cet appareil respiratoire extérieur, ce système branchial apparaissant pour la première fois dans la série des vertébrés, est-il réellement nouveau ? Non ; c'est l'appareil hyoïde qui, dans les mammifères, les oiseaux et les reptiles, se rattache aux organes du goût et de la voix. Chez le poisson, il supporte les branchies, vulgairement appelées ouïes, à la surface desquelles l'air dissous dans l'eau se combine avec le sang. Ainsi chaque organe s'adapte aux fonctions les plus variées, sans que sa nature et ses connexions soient changées.

---

1 Voyez sur les causes finales en physique et en météorologie un article de J.-B. Biot sur l'influence des idées exactes dans les ouvrages littéraires. (*Mélanges scientifiques et littéraires*, t. II, p. 1.)

Charles Martins

III. — Constance des connexions et balancement des organes

Les animaux étant tous construits sur le même type, tous doivent présenter l'ensemble des parties essentielles et fondamentales de ce type. Deux autres conditions, corollaires logiques de la loi de symétrie, forcent tous les êtres créés à rentrer dans ce moulé géométrique. Ces deux autres conditions ou lois secondaires sont la constance des connexions et le balancement des organes. Quelles que soient les métamorphoses d'un appareil organique, ses connexions, ses rapports avec les parties voisines ne changent pas. Ainsi qu'un membre antérieur soit une main, un pied, une aile ou une nageoire, toujours il sera fixé à l'épaule, et les membres postérieurs seront également toujours attachés au bassin. Les exceptions ne sont qu'apparentes, et disparaissent devant une critique sérieuse. L'autre loi est celle du balancement des organes, formulée par Goethe en 1795 de la manière suivante : « Le total au budget général de la nature est invariablement fixé ; mais elle est libre d'affecter les sommes partielles à telle dépense qu'il lui plaît. Pour dépenser d'un côté, elle est forcée d'économiser de l'autre ; c'est pourquoi la nature ne peut ni s'endetter ni faire faillite. » Aussi, quand un organe se développe outre mesure, il faut que d'autres diminuent proportionnellement ou disparaissent tout à fait. Nous en verrons de nombreux exemples. Je les emprunterai d'abord au règne animal, car ils sont plus intelligibles et plus probants, pour deux raisons : la première, c'est que les fonctions sont plus variées, mieux accentuées que dans les végétaux ; la seconde, c'est que, faisant partie nous-mêmes du règne animal, nous comprenons mieux des fonctions analogues ou identiques à celles de notre propre organisme. Nous savons par nous-mêmes, sans en pouvoir douter, qu'il est des organes qui n'accomplissent aucune fonction, tandis qu'ils ont une importance capitale chez d'autres espèces animales.

Voici mes preuves : la femme porte sur la poitrine les deux mamelles destinées à nourrir l'enfant nouveau-né. Chez l'homme, les mamelles ne se développent pas, mais les deux mamelons existent, parce que, l'homme et la femme étant construits sur le même plan, les mamelles, développées chez la femme, devaient exister chez l'homme, au moins à l'état rudimentaire.

Nous constatons que ces organes sont inutiles à l'homme, qu'ils n'accomplissent aucune fonction, mais l'unité de type voulait qu'ils fussent représentés, et ils le sont. Beaucoup de mammifères, les chevaux en particulier, peuvent secouer leur peau et chasser ainsi les mouches qui les incommodent ; c'est un muscle membraneux attaché à la peau qui l'ébranlé ainsi. Ce muscle ne manque pas chez l'homme, il est étendu sur les côtés du cou, mais il est sans usage ; nous n'avons pas même la faculté de le contracter volontairement ; il est donc inutile comme muscle, mais il est là comme une pierre d'attente, comme une preuve de l'unité de composition organique. Les mammifères dits marsupiaux, tels que les kanguroos, les sarigues, les thylacines, tous les quadrupèdes en un mot de la Nouvelle-Hollande, sont munis d'une poche située au-devant de l'abdomen et où les petits habitent pendant la période de la lactation ; cette poche est soutenue par deux os et formée par des muscles. Quoique placé à l'autre extrémité de l'échelle des mammifères, l'homme porte et devait porter la trace de cette disposition qui, chez lui, n'est d'aucune utilité. Les épines du pubis représentent les os marsupiaux, et les muscles pyramidaux ceux qui ferment la poche des kanguroos et des sarigues. Chez nous, ils sont évidemment sans usage. Autre exemple : le mollet est formé par deux muscles puissants appelés les jumeaux, qui s'insèrent au talon par l'intermédiaire du tendon d'Achille ; à côté d'eux se trouve un autre muscle long, mince, incapable d'une action énergique, et nommé plantaire grêle par les anatomistes. Ce muscle, ayant les mêmes attaches que les jumeaux, fait exactement l'effet d'un mince fil de coton qui serait accolé à un gros câble de navire. Chez l'homme, ce muscle est donc inutile ; mais chez le chat et les autres animaux du même genre, le tigre, la panthère, le léopard, ce muscle est aussi fort que les deux jumeaux, et il contribue à rendre ces animaux capables d'exécuter les bonds prodigieux qu'ils font pour atteindre leur proie. Inutile à l'homme, ce muscle est donc très utile aux animaux dont nous parlons ; mais il existe chez nous parce que tous les mammifères ont été construits sur un même type, dont chacun d'eux reproduit les éléments essentiels.

Les oiseaux sont munis d'une troisième paupière : elle se meut horizontalement devant l'œil et le défend contre l'impression trop vive des rayons lumineux sans abolir totalement la vue. La caroncule lacrymale qui occupe l'angle interne de l'œil humain est une trace de cette troisième paupière.

Je termine par un exemple encore plus significatif. Dans les animaux herbivores, le cheval, le bœuf, dans certains rongeurs, le gros intestin présente un vaste repli en forme de cul-de-sac appelé cœcum. Chez l'homme, ce repli n'existe pas, mais il est représenté par un petit appendice auquel sa forme et sa longueur ont fait donner le nom d'appendice vermiforme. Les aliments digérés ne peuvent pas pénétrer dans cet appendice étroit, qui est dès lors sans usage ; mais si par malheur un corps dur, tel qu'un pépin de fruit ou un fragment d'os, s'insinue dans cet appendice, il en résulte d'abord une inflammation, puis la perforation du canal intestinal, accidens suivis d'une mort presque certaine. Ainsi nous sommes porteurs d'un organe qui non-seulement est sans utilité, mais qui peut devenir un danger sérieux. Indifférente aux individus, la nature les abandonne à toutes les chances de destruction : sa sollicitude ne s'étend pas au-delà de l'espèce, dont elle a d'ailleurs assuré la perpétuité.

Les organes que nous venons d'énumérer chez l'homme et que l'observation, l'expérience et le bon sens déclarent inutiles, ne le sont pas aux yeux du naturaliste, car ils proclament la grande loi de l'unité de composition ; leur utilité est purement intellectuelle, ils ne sont pas des organes fonctionnant, mais leur existence est un enseignement fécond qui ne doit pas être perdu pour la philosophie.

Certaines parties ne s'atrophient ni ne disparaissent, mais elles s'unissent et se confondent avec d'autres ; c'est le résultat des soudures ou des coalescences organiques. Souvent la soudure est évidente : les doigts de la patte du canard ou de l'aile de la chauve-souris sont unis par une membrane, mais restent visibles ; ils ne le sont plus dans la rame d'un phoque, d'un dauphin ou d'une baleine, parce qu'une enveloppe commune les dérobe à notre vue, mais ils n'en existent pas moins. Sous la peau, on retrouve tous les os qui composent la main de l'homme et des autres mammifères. Dans les tortues, la peau s'endurcit et s'unit aux côtes, qui finissent par disparaître avec l'âge. Chez les cétacés et les poissons cartilagineux, l'organe auditif interne ou rocher est séparé du crâne ; dans tous les autres vertébrés il est soudé avec lui, et semble faire partie de

III. — Constance des connexions et balancement des organes

l'os des tempes : réciproquement l'œil, qui se meut librement dans l'orbite de la plupart des animaux supérieurs, est soudé avec lui chez certains poissons. Cet œil immobile et fixe participe seulement aux déplacemens du corps tout entier.

Les soudures comme les avortements sont des pièges tendus à la sagacité du zoologiste. Semblable au mécanicien qui dirige les changements de décoration d'un théâtre, la nature semble vouloir nous dérober le secret de ses métamorphoses continuelles et nous cacher la loi de l'unité par la variété qui domine toutes ses transformations. Il faut être bien pénétré de cette vérité pour ne pas se laisser abuser par des apparences trompeuses : elles ne sauraient cependant égarer celui qui sait que ces forces plastiques n'ont rien d'arbitraire, et obéissent à des lois immuables comme celles qui président aux révolutions éternellement régulières des corps célestes. Parmi ces lois, nous placerons en premier lieu le balancement des organes, pour employer le mot consacré par Etienne Geoffroy Saint-Hilaire.

Le balancement des organes, avons-nous dit, est cette loi en vertu de laquelle une partie ne saurait prendre un grand développement sans que d'autres parties ou une autre partie diminuent de volume et disparaissent même totalement. Dans les serpents, les membres avortent ; aussi le corps se prolonge-t-il pour ainsi dire à l'infini. Dans les sauriens (crocodiles, lézards), où les pattes existent, le corps est plus court, plus ramassé, et se termine par une queue plus ou. moins longue. Chacun peut suivre cette diminution graduelle des membres correspondant à un allongement relatif du corps sur des animaux dont quelques-uns sont bien connus. Chez les lézards ordinaires, les pattes sont bien développées, le corps peu allongé, et la queue grêle et d'une longueur médiocre. Chez le *seps* du midi de la France, les membres sont très courts, le corps plus long et la queue plus grosse. Chez les bimanes, les pattes antérieures sont les seules qui persistent ; chez les bipèdes, ce sont les postérieures. Dans le *pseudopus*, qui habite la Dalmatie, on n'aperçoit plus que les traces des membres postérieurs ; le corps et la queue sont très longs. Enfin, dans l'orvet commun ou serpent de verre de nos bois, on ne voit plus de membres ; ces membres sont cachés sous la peau ; l'animal porte un sternum comme le lézard, mais son corps est cylindrique et allongé comme celui d'un serpent. Cet être problématique forme ainsi la transition entre les sauriens, reptiles pourvus de membres, et les véritables serpents, qui en sont complètement privés. Chez les grenouilles et les crapauds, le développement des membres, et surtout des membres postérieurs, se fait aux dépens de la queue, qui disparaît, et du corps, qui est encore plus ramassé que celui des sauriens. On peut voir la nature à l'œuvre : lorsque les têtards se métamorphosent en grenouilles, la queue diminue et s'atrophie à mesure que les pattes s'allongent.

Quand les membres postérieurs se développent outre mesure, comme dans les kanguroos, les gerboises, les hélamis ou lièvres sauteurs, les membres antérieurs deviennent si petits qu'ils n'atteignent plus le sol ; l'animal saute sur ses pattes de derrière, et au repos s'appuie sur sa queue. Chez certains oiseaux, tels que l'autruche, le casoar et l'*apicrix* de la Nouvelle-Zélande, l'énorme accroissement des jambes est balancé par le développement imparfait des ailes, qui sont courtes dans l'autruche et nulles dans le casoar et l'*apterix*.

Veut-on des exemples tirés de quelques parties spéciales, et non de l'animal tout entier ? L'homme est le seul mammifère dont la main et le pied soient parfaitement distincts l'un de l'autre. C'est un fait de balancement des organes. À la main, les doigts sont longs, flexibles, et le pouce séparé ; mais la partie appelée le carpe, qui joint la main à l'avant-bras, est composée de sept petits os unis entre eux. Au pied, organe homologue de la main, ces sept os existent également, mais ils sont beaucoup plus gros. L'un d'eux en particulier, le calcanéum, qui forme le talon, est représenté à la main par le pisiforme, dont le volume ne dépasse pas celui d'un pois. Les os du métatarse formant la plante du pied sont également plus gros et plus longs que ceux du métacarpe qui constituent la paume de la main. Le balancement des organes se manifeste par la brièveté relative des orteils, comparés aux doigts. Chez le singe, qui a quatre mains, le talon n'existe pas, et les doigts ont sensiblement la même longueur aux quatre extrémités ; mais l'ours, qui marche sur la plante du pied, a les doigts de la patte antérieure relativement plus longs que ceux de la patte postérieure. Il peut saisir un bâton avec sa patte de devant, mais ne saurait le faire avec celle de derrière. Le cheval est un solipède ; il marche sur un seul doigt, correspondant à notre doigt du milieu, et revêtu, d'un ongle appelé

III. — Constance des connexions et balancement des organes

le sabot. Ce doigt unique, très volumineux, comme chacun sait, est porté par un os, également unique, appelé canon. Ce canon, c'est un des cinq os métacarpiens de l'homme, des singes, des chauves-souris. Son volume est énorme, sa longueur considérable ; aussi les autres métacarpiens sont-ils réduits à deux minces stylets effilés en pointe, et sans usage. Ces stylets représentent nos métacarpiens du doigt indicateur et de l'annulaire ; quant à ceux du pouce et du petit doigt, ils ont complètement disparu. Ainsi ce doigt unique, en se développant outre mesure, a pour ainsi dire absorbé toute la substance que la nature destinait à la formation des cinq doigts dans les animaux supérieurs. Chez les ruminants (cerf, bœuf, mouton), il y a deux doigts et deux métacarpiens soudés. Dans le porc, il y en a quatre ; mais chacun sait combien le volume relatif de ces doigts est moindre que celui du doigt unique qui forme le sabot du cheval.

Voici un exemple du même genre. La jambe d'un quadrupède se compose de deux os : le péroné en dehors, le tibia en dedans. Dans les marsupiaux, qui occupent les échelons inférieurs de l'ordre des mammifères, les deux os sont de même volume. À mesure qu'on s'élève dans la série, le tibia devient plus volumineux, mais alors le péroné s'amincit ; chez l'homme, le péroné n'est qu'une baguette qui se fracture aisément ; chez le rhinocéros, le tibia est énorme et le péroné très grêle ; dans la plupart des ruminants, celui-ci se termine en pointe et n'atteint plus le bas de la jambe. Chez le cheval, il se réduit à une espèce de poinçon de quelques centimètres de long, dans l'élan à un tubercule, et dans la girafe, le lama, le dromadaire, le bœuf, le chien et la biche, il disparaît totalement ; mais dans ces animaux le tibia est énorme et l'on reconnaît que son développement s'est fait aux dépens du péroné. Le budget de la nature est donc constant, et elle ne saurait grossir un chapitre sans en diminuer un autre, ou les réduire tous proportionnellement à leur valeur relative.

Il est temps de montrer que ces grandes lois s'appliquent également au règne végétal. Linné les avait pressenties dans sa dissertation intitulée *Metamorphosis plantarum* ; mais il était réservé à un poète de promulguer hardiment la loi de la métamorphose en botanique. Cet homme, ce poète, c'est Goethe. « Après Shakspeare et Spinoza, dit-il, Linné est l'homme qui a agi sur moi avec le plus de force. » Goethe avait l'habitude d'emporter la *Philosophie botanique* du grand naturaliste dans toutes ses promenades. Les lettres de Rousseau sur la botanique l'avaient également intéressé. Un séjour à Garlsbad, pendant lequel un jeune botaniste lui apportait chaque matin des plantes recueillies dans les montagnes environnantes, des chasses dans les grandes forêts de la Thuringe, tout contribuait à entretenir ce goût naissant pour la science des végétaux. Au printemps de 1786, lorsqu'il traversa les Alpes pour descendre en Italie, la vue de ces fleurs alpines écloses en quelques jours sur des pentes où la neige avait à peine disparu le remplit d'étonnement le contraste devint plus frappant encore par l'aspect de la végétation méridionale qu'il admira dans tout son éclat au jardin botanique de Padoue, le plus ancien de l'Europe. L'idée de ramener tous les organes des plantes à un seul type s'empara de son esprit. Ni les distractions du voyage, ni la tragédie du Tasse qui s'élaborait dans son esprit, ni les merveilles de l'art italien, ni les souvenirs de l'antiquité, ni les plaisirs faciles de Rome, ne purent le distraire de sa préoccupation scientifique. À son arrivée en Sicile, l'identité originelle de toutes les parties végétales était une vérité démontrée pour lui. D'un petit nombre de faits il avait déduit une théorie confirmée depuis par tous les botanistes et universellement admise. Tout le monde en effet reconnaît aujourd'hui que la feuille est l'organe fondamental de la plante, les autres ne sont que des feuilles transformées. La fleur n'est qu'un bourgeon où les feuilles se sont changées en sépales, pétales, étamines et carpelles ; ceux-ci sont les éléments du fruit, composé lui-même des feuilles repliées sur leur nervure moyenne et libres ou soudées, libres dans la pivoine ou l'ellébore, soudées dans l'orange et dans la pomme.

Comment le naturaliste reconnaît-il que tous les organes floraux ne sont que des feuilles transformées ? Par deux méthodes : l'observation de l'état normal des plantes et l'étude des anomalies ou monstruosités. Je m'explique. Les feuilles colorées qui se trouvent dans le voisinage de certaines fleurs se nomment des bractées. Pour constater leur analogie avec les véritables feuilles, il suffit de voir qu'elles présentent d'abord la couleur verte, puis se teignent peu à peu d'une couleur différente, comme on le vérifie sur le *bougainvillea*. Les sépales du calice ne sont que des feuilles plus petites et plus rapprochées ou même soudées entre elles.

III. — Constance des connexions et balancement des organes

Dans les gentianes et la nielle des moissons (*githago segetum*), si commune dans nos blés, cette identité est frappante. Le même raisonnement s'applique aux pétales. Dans un certain nombre de fleurs, celles des *cactus*, des lis d'eau (*nymphœa alba*) on ne sait où finissent les sépales et où commencent les pétales ; donc les pétales sont des feuilles transformées. Dans les ornithogales, on reconnaît que les filets des étamines sont des pétales rétrécis, et les fruits des *asclepias*, des dompte-venin, du *sterculia*, des ellébores, des aconits, de la pivoine, sont évidemment des feuilles repliées sur elles-mêmes et portant des graines le long de leur nervure médiane.

Il existe des preuves d'un autre ordre. Quelquefois, pour des raisons qui nous échappent, la transformation ne s'opère pas : un sépale, un pétale, un carpelle restent à l'état de feuille. La nature trahit son secret, l'observateur la prend sur le fait, et constate l'identité essentielle de l'organe. Il n'est pas rare de voir sur les pivoines et sur les roses des sépales du calice rester à l'état de feuilles. Une rose double, une pivoine, un pavot, une renoncule double, sont des fleurs où presque toutes les étamines se montrent encore à l'état de pétales. La métamorphose ne s'est pas accomplie, et il suffit de les examiner avec une certaine attention pour y trouver tous les intermédiaires imaginables entre un pétale parfait et une étamine normale composée d'un filet et d'une anthère. On a vu des carpelles se montrer à l'état de feuille, et ainsi la transformation des organes végétaux se démontre par les cas nombreux où elle ne s'opère pas.

Goethe avait publié sa *Métamorphose des plantes* en 1790 ; elle ne fut pas comprise de ses contemporains : ils n'y virent qu'un jeu de l'imagination. Pour les littérateurs, c'était un poème en prose, pour les artistes une indication à l'usage de ceux qui composent des arabesques. Personne n'y reconnut un travail scientifique moins aride que ne le sont ordinairement les ouvrages de cette nature, mais où quelques faits hardiment généralisés éclairaient la science d'une lumière nouvelle.

Linné et Goethe avaient prouvé la métamorphose des organes végétaux. De Candolle, dans sa *Théorie élémentaire* composée à Montpellier en 1812, établit la loi de symétrie et celles qui en découlent, le balancement des organes et la constance des connexions. Toute fleur est originairement symétrique, c'est-à-dire séparable en deux moitiés semblables, quelle que soit la direction du plan qui la coupe. Cependant il existe des fleurs irrégulières où la symétrie est bilatérale seulement. De Candolle prouve qu'elles sont originairement symétriques, mais habituellement irrégulières. Telle est la linaire des champs : sa corolle est personnée et munie de quatre étamines ; cependant l'on trouve des pieds dont les fleurs reviennent accidentellement à l'état régulier ou symétrique ; la corolle prend la forme d'un entonnoir, et la cinquième étamine se développe. Le genre *teucrium* ou germandrée se compose de fleurs irrégulières, comme toutes les labrées ; mais il est une espèce, le *teucrium campanulatum*, dont la fleur est régulière, symétrique et munie de cinq étamines au lieu de quatre. L'état *normal* n'est donc point l'état *habituel*, pas plus en botanique qu'en zoologie. Tout organe rudimentaire accuse le développement exagéré d'un autre organe, et ce développement exagéré amène l'irrégularité ; mais la loi du balancement des organes n'est jamais violée, le développement exagéré de la corolle des linaires et des germandrées est balancé par l'avortement de la cinquième étamine, qui n'est plus représentée que par un mince filet. Nous pouvons suivre la marche de ces avortemens et de ces hypertrophies. Tout le monde sait par ses souvenirs d'enfance que le fruit du marronnier d'Inde ne renferme qu'une grosse graine, rarement deux, plus rarement encore trois ou même quatre ; mais coupez transversalement l'ovaire d'une fleur de marronnier pendant ou peu de temps après la floraison, vous trouverez trois loges renfermant chacune deux graines, en tout six graines. Sur ces six graines, cinq avortent, une seule se développe et devient énorme ; l'avortement est constant, mais il n'en est pas moins anormal ; l'état normal serait le développement égal des six graines. Ici encore l'état habituel diffère de l'état régulier que le naturaliste constate pendant la jeunesse du fruit.

Les organes atrophiés, c'est-à-dire incomplètement avortés, ont le même sens en botanique et en zoologie : ce sont des organes inutiles, sans fonctions, mais qui nous révèlent le plan symétrique dans la nature. Ainsi, dans la famille des scrofularinées, le bouillon- blanc (*verbascum*) porte une fleur régulière et cinq étamines ; dans les genres à fleur irrégulière, *chelone, scrofularia*, il n'y en a que quatre, mais le cinquième est représenté par un mince filet sans anthère. Les espèces dioïques, c'est-à-dire à sexes séparés, dans des genres

III. — Constance des connexions et balancement des organes

où toutes les autres sont hermaphrodites, proviennent également d'avortements constants ; ainsi sur un pied tous les pistils avortent, sur un autre toutes les étamines. Le *lychnis dioica*, si commun dans les champs, en est un exemple bien frappant. Les palmiers-nains (*chamœrops humilis*), qui sont également à sexes séparés, portent quelquefois des fleurs hermaphrodites, indices de l'état normal dans ces végétaux, quoique dans l'état habituel un pied ne produise que des fleurs mâles, un autre des fleurs femelles.

Les soudures ou coalescences d'organes sont encore plus communes dans les végétaux que dans les animaux. Tous les organes de la fleur ayant une identité originelle, tous n'étant que des feuilles transformées, on conçoit qu'ils s'unissent facilement entre eux ; mais il est aisé de constater leur individualité. Dans une renoncule, une fleur de *magnolia*, un lis, toutes les parties de la fleur sont distinctes et séparées ; mais dans une campanule, une fleur de *datura*, de tabac ou de *pétunia*, on voit que le calice est formé de cinq sépales soudés par leurs bords : la corolle se compose aussi de cinq pétales unis en un seul tout, et les étamines sont également soudées avec cette corolle : elles sont soudées entre elles dans les mauves, les fleurs papilionacées, telles que le pois, le haricot, l'acacia commun, etc. Les fruits de l'aconit, de l'ellébore, se composent de carpelles séparés ; ils sont réunis sous une enveloppe commune dans l'orange, dont chaque quartier est un carpelle. Dans les mêlons à côtes, les traces de la séparation originelle se voient encore à l'extérieur ; elles ont complètement disparu dans le potiron, la pomme, la poire, le coing, etc. Quelquefois la soudure ne s'effectue pas : on trouve des corolles de campanule, de *pétunia*, composés de cinq pétales ; la nature nous livre son secret et nous confirme ce que l'inspection seule nous avait déjà démontré.

Situs partium constantissimus est. Les rapports des parties ne changent jamais, avait dit Linné dans sa *Philosophie botanique* ; c'est la loi de la constance des connexions appliquée aux végétaux. Quelles que soient ses métamorphoses, un organe occupe toujours la même place, et sa situation nous indique sa nature. Quand un filet sans anthère se trouve à la place d'une étamine, nous savons que ce filet est la trace d'une étamine avortée. Cette fixité des rapports se rattache à la symétrie, qui sans elle ne saurait subsister. Ainsi, comme nous l'avons dit au début de cette étude, les mêmes lois traversent pour ainsi dire les deux règnes, et méritent le nom de *lois générales du monde organisé.*

Admettrons-nous en botanique les causes finales que nous avons proscrites en zoologie ? Imiterons-nous l'impertinence de ce roi d'Aragon qui prétendait qu'il eût donné de bons conseils à l'Être suprême, s'il avait été consulté au sujet de la création ? Dirons-nous : La feuille est faite pour respirer, le calice et la corolle pour protéger les étamines et le pistil ? ou, philosophes modestes, nous bornerons-nous à constater le rôle que ces organes jouent dans la nature sans préjuger le but du Créateur ? Ce parti est le plus sage et le plus logique. En effet, la feuille remplit, il est vrai, presque toujours le rôle des poumons chez les animaux : elle respire, mais souvent ses fonctions changent sans qu'elle cesse pour cela d'être feuille. Ainsi dans le pois et les gesses (*lathyrus*) elle se termine en vrille, et devient une main qui suspend la plante aux corps environnants. Dans les orobanches, elle existe, mais ne respire plus : elle n'en est pas moins une feuille pour cela. Que dire des stipules, petits organes placés à la base des feuilles dans un grand nombre de plantes, s'épanouissant en limbe foliacé dans les pois et les gesses, se transformant en vrilles dans les melons, les courges, la bryone ; et s'endurcissant en épines dans certains *acacias* de la Nouvelle-Hollande ? Leur nature fondamentale ne change pas, mais leurs fonctions varient. On affirme que le calice et la corolle sont les organes protecteurs des étamines et du pistil, qu'ils assurent la fécondation, parce que la pluie fait crever les grains de pollen à mesure qu'ils s'échappent de l'anthère, et amène ainsi l'avortement du fruit et de la graine ; mais d'abord un grand nombre de plantes sont dépourvues de corolle et même de calice. Ces enveloppes, lorsqu'elles existent, ne protègent pas toujours efficacement les étamines et le pistil contre la pluie. Je citerai les roses, les lis, les tulipes, les renoncules, les cistes, etc. Cette protection n'est réellement efficace que dans les campanules, où la fécondation s'opère avant que la corolle ne soit épanouie. Ce genre ne renferme que des plantes inutiles, et, par une antithèse difficile à comprendre, les végétaux les plus nécessaires à l'homme, ceux sur lesquels repose pour ainsi dire l'existence du genre humain, savoir les céréales, le riz, le maïs, la vigne, les arbres fruitiers, ont des fleurs dont les étamines ne sont nullement défendues contre

III. — Constance des connexions et balancement des organes

les intempéries. Que de famines épargnées aux peuples des deux mondes, si les étamines des céréales eussent été protégées comme celles des inutiles campanules ! Combien de fois la vigne, les pommiers, les poiriers, les cerisiers, les pêchers eussent donné des fruits, au lieu de rester stériles !

L'expérience directe confirme les données fournies par l'observation. On peut retrancher le calice et la corolle avant l'épanouissement de la fleur, et la fécondation s'opère néanmoins. Est-ce à dire que le calice et la corolle soient des organes inutiles ? Oui, si l'on appelle inutile tout ce qui n'atteint pas un but pratique se rapportant aux besoins matériels de l'homme ; non, si dans la nature on reconnaît le beau en même temps que l'utile. Les corolles sont la parure des plantes : elles embellissent tout de leur présence, comme elles remplissent l'air de leurs parfums ; elles sont la manifestation esthétique du monde végétal, car l'homme n'a pas inventé le beau : il l'a trouvé dans la nature, où il existait avant lui et où il existerait sans lui. Lorsque les anciens, lorsque les Maures, et Raphaël après eux, ont voulu décorer des maisons, des palais ou des temples, ils ont choisi des plantes munies de feuilles et de fleurs, et ils les ont développées en arabesques, continuant ainsi par l'imagination les métamorphoses déjà réalisées par la nature. Les brillantes corolles de fleurs sont donc des organes inutiles dans le sens manufacturier de ce mot, mais non dans le sens artistique ; elles sont inutiles comme les couleurs chatoyantes et les crêtes brillantes des oiseaux, comme le pelage varié du tigre, de la panthère et du zèbre, la crinière du lion, les couleurs irisées des reptiles et des poissons, et celles plus belles encore qui ornent l'aile des papillons. Vainement on prétendrait que ces couleurs ajoutent à l'attrait des sexes l'un pour l'autre ; il n'en est rien. Cet attrait est aussi puissant chez le moineau que chez le paon, et je ne sache pas que les espèces à couleurs ternes multiplient moins que les autres.

Que les théologiens cessent donc d'invoquer les causes finales, et surtout qu'ils ne donnent plus au mot *utile* le sens étroit et matériel qu'ils lui ont attribué jusqu'ici, sous peine d'être condamnés à affirmer que le chêne-rouvre a été créé pour faire des planches, et le chêne-liége pour fabriquer des bouchons. Que leur pensée s'élève dans des régions plus sereines. Le monde organisé est un immense air varié dont le thème fondamental se retrouve au

Charles Martins

fond de toutes ses variations ; de la résulte l'harmonie qui nous charme et nous pénètre d'admiration. L'homme n'est ni le centre ni le but de la création, mais seul il peut la comprendre et la plier à ses desseins. Parmi les êtres qui l'entourent, il en est d'utiles, de nuisibles et d'inutiles au point de vue pratique ; aucun ne l'est au point de vue intellectuel, car tous les animaux, tous les végétaux sont la manifestation de la force créatrice, une réalisation du type idéal que la nature a reproduit sous mille formes diverses. C'est sous cet aspect que le monde doit être envisagé. Il n'est point d'être inutile, car il n'en est aucun qui ne nous apprenne quelque chose.

IV. — Construction du type végétal et du type animal

Tous les organes du végétal n'étant que des feuilles transformées, une plante peut se réduire à un axe formé par la tige et la racine et supportant une ou deux feuilles ; le type se trouve donc réalisé au moment où la graine s'entr'ouvre pour donner issue à l'embryon. Tous les organes subséquents ne seront que la transformation des feuilles primordiales que le botaniste désigne sous le nom de cotylédons. Une plante simple n'a qu'un axe, un arbre est une réunion d'individus vivant sur un tronc commun ; c'est un polypier végétal. Chaque bourgeon représente un individu. Le jardinier qui fait une bouture sépare un de ces individus du tronc commun et le met dans les conditions telles qu'il puisse subsister isolément et reconstituer à son tour une nouvelle agrégation, c'est-à-dire former un nouvel arbre.

La construction du type animal est loin d'être aussi facile. Si les animaux inférieurs se rapprochent des plantes, combien les êtres supérieurs, les mollusques, les annelés, et surtout les vertébrés, ne s'en éloignent-ils pas ? Aussi ai-je besoin de faire un nouvel appel à la curiosité, mais aussi à la patience du lecteur. Je voudrais lui donner une idée des essais tentés par les anatomistes et les zoologistes philosophes pour construire ce type idéal sur lequel les animaux ont été façonnés. Leurs efforts ont porté jusqu'ici sur les vertébrés comme étant mieux connus, quoique plus compliqués. Le problème avait été posé par Condorcet : examiner les rapports qu'ont entre elles les différentes parties d'un même individu pour en déduire ces deux caractères que la nature paraît avoir imprimés à tous les êtres, celui de la constance dans le type et la variété dans les modifications. » Vicq-d'Azyr avait indiqué la marche à suivre dans son mémoire sur la comparaison des membres. Leur analogie, reconnue déjà vaguement par les anciens, a été démontrée par cet illustre anatomiste, puis poursuivie jusque dans ses détails par Gerdy, Bourgery, Gruveilhier, Flourens, Owen, Holmes-Goote et l'auteur de cette étude. Il est universellement admis aujourd'hui que le bassin est la répétition de l'épaule, la cuisse du bras, la jambe de l'avant-bras, le tarse du carpe et le pied de la main.

Vers la fin du dernier siècle, une nouvelle analogie fut reconnue, celle de la tête avec les os qui composent la colonne vertébrale. Ici encore nous trouvons le grand nom de Goethe inscrit à l'entrée de cette voie nouvelle ouverte dans le champ de la science. Déjà, pendant son séjour à Strasbourg, en 1770, il avait suivi des cours d'anatomie, et depuis cette époque, au milieu de ses travaux littéraires, l'étude de l'ostéologie comparée avait toujours conservé pour lui l'attrait le plus vif et le plus soutenu. Camper ayant énoncé l'opinion que la seule différence ostéologique entre l'homme et le singe consistait en ce que ce dernier avait un os intermaxillaire,[1] tandis que l'homme n'en avait pas, Goethe, déjà profondément pénétré du principe de l'unité de composition des vertébrés, se met à l'œuvre, persuadé que cette différence n'existe pas. Loder, professeur à Iéna, l'aidait dans ses recherches, et en 1786 il prouva que l'homme avait un os intermaxillaire, méconnu avant lui, parce qu'il se confond avec les deux os maxillaires au milieu desquels il est enclavé. Plus tard, ses études et ses méditations sur la métamorphose des organes végétaux l'avaient préparé à l'une des plus grandes découvertes dont l'anatomie philosophique puisse s'enorgueillir. Au commencement de mai 1790, il était à Venise. Se promenant un jour au Lido, dans le cimetière des Israélites, son domestique ramasse un crâne de mouton, et le lui présente en riant comme une tête de Juif. Goethe regarde cette base de crâne blanchie par le temps, et tout à coup son analogie avec la colonne vertébrale lui apparaît ; il a l'intuition que le crâne n'est qu'une continuation de la colonne vertébrale, comme le cerveau n'est qu'un épanouissement de la moelle épinière. Goethe ne publia

1 C'est l'os qui porte les dents de devant ou incisives.

Charles Martins

pas immédiatement ses idées, mais il en fit part à ses amis, et en particulier à la femme de Herder, dans une lettre datée du Il mai 1790. L'honneur de cette grande découverte lui revient donc ; mais Oken a le mérite de l'avoir établie scientifiquement et généralisée dans le discours d'inauguration de sa chaire d'anatomie à Iéna, en octobre 1807. L'année suivante, un Français, Constant Duméril, reconnut l'analogie des muscles qui s'élèvent du tronc à la portion postérieure de la tête avec ceux qui unissent les vertèbres entre elles : il allait à son tour découvrir l'analogie de la tête avec les vertèbres ; une plaisanterie l'arrêta. Cuvier, qui n'aimait pas les hardiesses, recevant Duméril à l'une de ses soirées, lui demanda en riant des nouvelles de sa *vertèbre pensante*. Duméril n'eut pas le courage de persister dans son opinion, de continuer ses recherches, d'accumuler ses preuves, et son nom ne se rattache que par un souvenir à l'anatomie philosophique. L'analogie de la tête et de la vertèbre est maintenant établie ; mais, malgré les efforts des plus grands anatomistes, Spix, de Blainville, Bojanus, Etienne Geoffroy Saint-Hilaire, Carus, Dugès, Owen et Virchow, le problème n'est pas résolu dans ses détails : on diffère sur le nombre des vertèbres crâniennes et l'assimilation des différentes parties de la tête avec les différentes saillies qui hérissent une vertèbre ordinaire.

L'analogie des vertèbres et des os du crâne établie, on étudia dans le même esprit les autres parties du squelette ; on ramena d'abord à la colonne vertébrale cette série d'os rangés au-devant de la poitrine qui constituent le sternum ; celui-ci serait formé de vertèbres incomplètement développées et unies à la colonne. vertébrale par les côtes. On vit que dans le crocodile le sternum se prolonge jusqu'au bas du ventre, et soutient des côtes abdominales dont les traces se retrouvent même dans l'homme. L'os hyoïde qui supporte la langue dans les vertébrés supérieurs, les branchies, dans les poissons, n'est qu'une pièce détachée du sternum et placée à la partie antérieure du cou. Un animal vertébré se composerait donc en réalité de deux colonnes vertébrales, l'une postérieure complète, l'antérieure complète également dans les crocodiles bornée à la poitrine dans les' mammifères, nulle chez les serpents et les poissons où l'hyoïde est le seul os qui persiste. La mâchoire inférieure, organe de mouvement, est formée de deux côtes unies antérieurement ; les muscles qui la meuvent et les artères qui la

IV. — Construction du type végétal et du type animal

nourrissent rappellent les muscles et les artères des côtes pectorales. Dans les articulés, les organes masticateurs appartiennent également à ceux du mouvement. Sur un homard, sur une écrevisse, chacun peut voir une série d'organes graduellement modifiés qui forment la transition des pattes aux mâchoires ; de là le nom de pattes-mâchoires qui leur a été donné.

Quelle est la nature morphologique des membres ? Tel est le point le plus obscur de l'anatomie philosophique. Les uns ont voulu retrouver une série de vertèbres dans les différentes articulations du bras et de la jambe, d'autres les ont assimilées aux côtes ; quelques-uns y voient un organe nouveau, et de même que dans les végétaux on distingue un axe, savoir : la racine avec la tige et des appendices tous formés de véritables feuilles ou de feuilles métamorphosées, de même l'animal peut se réduire à une colonne vertébrale, pourvue., d'appendices. La nageoire du poisson me paraît le type de cet appendice ; elle est composée de rayons, comme la main de l'homme, mais chez celui-ci et chez les autres mammifères la main est portée par un manche articulé mobile qui constitue le membre. Dans les poissons inférieurs, tels que les lamproies, et dans les serpents les membres disparaissent et l'animal se réduit réellement à une colonne vertébrale munie de côtes.

Le naturaliste philosophe peut s'élever à une conception encore plus générale. Ces os, ces parties dures uniquement étudiées jusqu'ici ont-elles toute l'importance qu'on leur a donnée ? Leur dureté, leur inaltérabilité, la netteté de leurs formes faciles à décrire et à reproduire par le dessin n'ont-elles pas amené les anatomistes à leur attribuer une valeur exagérée ? Sont-elles aussi constantes qu'on l'a dit, et le dépôt des sels calcaires qui les durcissent n'est-il pas souvent un fait accidentel, une circonstance secondaire ? Les cyclostomes (lamproie, sucet, myxine) ne sont-ils pas entièrement dépourvus de squelette, tandis que chez les tortues la peau même s'endurcit ? Ne voyons-nous pas la clavicule nulle ou ossifiée à tous les degrés chez certains rongeurs (porcs-épics, lièvres, lapins, cochons d'Inde) ? Les os marsupiaux sont-ils autre chose que les tendons des muscles abdominaux pénétrés de phosphate de chaux ? On trouve un os dans le diaphragme du chameau, du lama, du hérisson. Ces exemples, donnés avec beaucoup d'autres par le professeur Charles Rouget, amèneraient

Charles Martins

à concevoir un type animal uniquement composé de la trame élémentaire dont les tissus cellulaire, musculaire et osseux ne sont que des transformations. Un animal se réduirait donc à une cavité digestive entourée d'un sac musculaire pourvu d'appendices, de même que la plante se réduit à un axe portant des feuilles. Ce serait la plus haute abstraction à laquelle le naturaliste puisse s'élever, et l'animal comme le végétal seraient représentés par un type unique, celui de l'être organisé. Les progrès ultérieurs de la botanique, de la zoologie, de la paléontologie, de l'anatomie comparée, de l'embryologie, dissiperont peu à peu tous les nuages, car chacune de ces sciences contribue pour sa part à la solution de ces grandes questions. Un nouvel horizon apparaît aux yeux des naturalistes, la doctrine de la fixité des espèces est ébranlée,[1] personne ne croit plus que chacune d'elles descende d'un seul couple primordial. Darwin a montré qu'elles tendaient sans cesse à se modifier, et il n'a pas craint d'émettre cette idée hardie, que le type idéal de Goethe pourrait bien être un type réel dont le règne animal tout entier serait la réalisation matérielle infiniment variée. L'imagination recule devant une pareille conception ; elle se refuse à croire que même des myriades de siècles aient la puissance de modifier à ce point la descendance d'un seul être organisé ; mais l'énoncé seul de cette hypothèse montre combien l'idée de l'unité dans la variété s'est profondément imprimée dans la pensée de tous les naturalistes réellement dignes de ce nom.

---

1 Voyez sur ce sujet une intéressante étude de M. Laugel dans la *Revue* du 1er avril 1860.

IV. — Construction du type végétal et du type animal

ISBN : 978-1534825444